探索发现

世界动物地图

[西]玛莉亚·玛聂鲁/编　西班牙利卜萨出版社/图　冯　珣/译

江西美术出版社
全国百佳出版单位

图书在版编目（C I P）数据

世界动物地图 / （西）玛莉亚·玛聂鲁编 ； 西班牙利卜萨出版社图 ； 冯珣译． -- 南昌 ： 江西美术出版社，2021.8

（探索发现）

ISBN 978-7-5480-7944-6

Ⅰ．①世… Ⅱ．①玛… ②西… ③冯… Ⅲ．①动物－儿童读物 Ⅳ．①Q95-49

中国版本图书馆 CIP 数据核字（2020）第 261232 号

版权合同登记号 14-2020-0163

探索发现 · 世界动物地图

TANSUO FAXIAN · SHIJIE DONGWU DITU

[西]玛莉亚·玛聂鲁/编

西班牙利卜萨出版社/图　冯　珣/译

出 品 人：周建森
企　　划：北京江美长风文化传播有限公司
策　　划：巴拉拉
责任编辑：楚天顺　朱鲁巍
特约编辑：石　颖　王　毅
美术编辑：冯英翠
责任印制：谭　勋

出　　版：江西美术出版社
地　　址：江西省南昌市子安路 66 号
网　　址：www.jxfinearts.com
电子信箱：jxms163@163.com
电　　话：0791-86566274　010-82093785
发　　行：010-64926438
邮　　编：330025
经　　销：全国新华书店

印　　刷：北京宝丰印刷有限公司
版　　次：2021 年 8 月第 1 版
印　　次：2021 年 8 月第 1 次印刷
开　　本：889mm × 1194mm　1/16
印　　张：4
ISBN 978-7-5480-7944-6
定　　价：48.00 元

目录

北美洲

北部

北美洲北部属于极地气候，冬季漫长而寒冷！一年中大部分时间降雨很少，地表被冰雪覆盖。这个地区拥有世界上最大的岛屿：格陵兰岛。

1 海象

长度：2.7 ~ 3.7 米
体重：800 ~ 1700 千克

这种有趣的动物皮肤会变色：在冷水中皮肤是灰色的，但在温暖的水域皮肤会变红，因为它会通过血管的膨胀和收缩来调节体温。

2 灰熊

灰熊这种动物聪明到懂得防范危险的程度：在开始冬眠之前，它会等待一场暴风雪的到来，用雪把冬眠用的山洞洞口封住，这样就避免了在睡梦中被打扰！

长度：约 2 米　高度：约 1 米　体重：130 ~ 270 千克

3 驯鹿

长度：1.6 ~ 2 米　高度：约 1 米　体重：约 150 千克

驯鹿出生几分钟就能轻盈地奔跑，几小时就能行走数千米。成年驯鹿的奔跑速度可以达到 80 千米 / 小时，快得像汽车一样！

4 座头鲸

这种巨大的鲸目动物有一种特别的音乐天赋：它们会成群唱起朗朗上口的旋律，甚至还有重复出现的副歌部分，就像流行歌手一样！

长度：12 ～ 16 米
体重：约 36 吨

5 河狸

长度：74 ～ 90 厘米
高度：约 30 厘米
体重：16 ～ 25 千克

它们用锋利的牙齿啃食树干，建造大坝。此外，它们会用树枝和泥巴修筑自己的地下巢穴，它们是名副其实的建筑师！

长度：1.4 ～ 2.5 米　高度：约 1.5 米　体重：最重可达 1 吨

6 麝牛

这种动物和山羊有亲缘关系，它长着浓厚的毛，是世界上最温暖、最贵的毛！

7 加拿大猞猁

长度：75 ～ 110 厘米
体重：3 ～ 6.5 千克

猞猁是野生的猫科动物，有着绝佳的视力，猞猁的西班牙语为“Lince”，来自古希腊语“光”，意指动物“明亮的眼睛”。猞猁的眼睛是黄绿色的，白天和夜间都能看得很清晰。

长度：76 ～ 110 厘米　体重：6 ～ 11 千克

8 灰雁

当灰雁迁徙时，假如顺风，它能在不到一天的时间内飞行 2400 千米。不过通常它飞行的节奏要比这慢得多……如果飞得太快，会筋疲力尽的！

9 北极狐

长度：71 ~ 110 厘米
体重：3 ~ 9 千克

北极狐是最耐寒的动物之一，能忍受 -50℃的低温！它毛茸茸的脚底板、短短的耳朵和扁平的吻部，使它能在厚厚的积雪中挖掘出藏身之处。

10 海豹

长度：约 2 米
体重：约 170 千克

海豹是世界纪录的保持者，因为它能在水下憋气 30 分钟。你知道它是怎么办到的吗？它会把自己的心率降低 50% ~ 80%！

11 北极熊

长度：约 3 米
体重：约 450 千克

假如有人问你北极熊是什么颜色的，你肯定会说是白色的。然而，你知道吗？它的毛发并不是白色的，而是无色透明的。北极熊生活在冰天雪地中，光线的折射使它看起来是白色的。

12 红狼

长度：66 ~ 79 厘米
体重：16 ~ 41 千克

由于栖息地被破坏，这种美丽的动物已经濒临灭绝。为了避免此物种的灭绝，人们全力保护，现在红狼的数量已经逐渐恢复。动物需要人类的帮助！

13 雕鸮

长度：52 ~ 71 厘米
体重：约 3 千克

雕鸮是一种会魔法的鸟类：它可以从各种方向把脑袋旋转 270 度！它的脖子很灵活，这是因为它有 14 节颈椎。不过它的眼睛只能向前看。

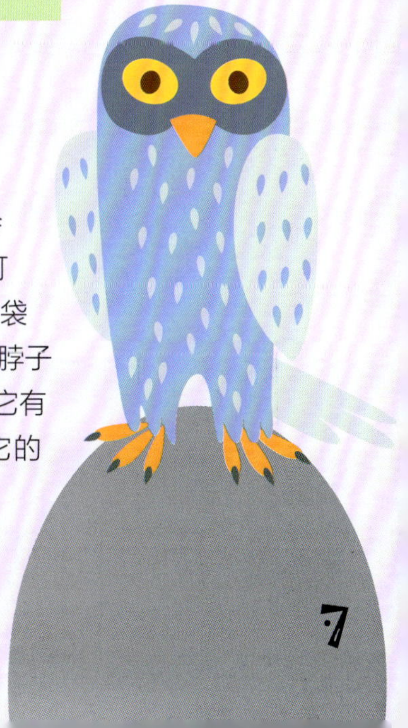

北美洲

南部

北美洲南部，水域温暖、温度较高。这里地貌多样，有干旱地区的草地、森林、沙漠，也有中美洲的活火山。

1 鹿

鹿只能分辨蓝色和绿色，无法分辨红色和橙色。如果你想从它身边经过而不被发现，那么你知道该穿什么颜色的衣服了吧！

长度：约 1.5 米
体重：230 ～ 450 千克

2 马

这种美丽的动物在印第安和牛仔主题的电影中出镜率很高。你知道吗？马一天可以喝下 37 升水！我们人类每天只喝大约 2 升水！

长度：约 2.4 米
高度：约 1.5 米
体重：380 ～ 1000 千克

3 驼鹿

雄性驼鹿与雌性驼鹿的不同之处在于雄性有巨大的鹿角，其重量超过 20 千克！

长度：2 ～ 3 米
高度：1.4 ～ 2 米
体重：350 ～ 700 千克

长度：约 2.8 米
高度：约 1.8 米
体重：400 ～ 950 千克

4 美洲野牛

毛发浓密、体格健壮的美洲野牛的体重最高纪录是 1133 千克。几乎跟卡车一样重！

5 黑熊

黑熊在北美洲很常见，它比北极熊和棕熊的个头要小。

长度：1.4 ~ 2 米
高度：约 1 米
体重：约 120 千克

长度：70 ~ 84 厘米
体重：3 ~ 7 千克

6 羚羊

羚羊是北美洲奔跑速度最快的动物之一。它的速度可以达到 90 千米 / 小时，快极了！

长度：1.8 ~ 2.5 米
体重：15 ~ 680 千克

7 金雕

金雕是墨西哥的象征，它极度忠诚：金雕一生中只有一个伴侣，它们一起飞行，建造巢穴、哺育后代。

8 座头鲸

长度：12 ~ 16 米
体重：约 36 吨

这是一种非常贪吃的动物，主要以磷虾和小鱼为食。每头鲸每天吃大约 1.5 吨的食物，这样它们才有力气在海洋上表演杂技。

长度：40 ~ 70 厘米
高度：23 ~ 30 厘米
体重：4 ~ 9 千克

9 浣熊

浣熊非常善于沟通，它们能发出 50 多种不同的声音：哼叫、低语、嚎叫和口号声等。每种声音在浣熊与同类的交流中都有具体的功能和含义。

10 黑脉金斑蝶

长度：8 ~ 10 厘米
体重：约 0.5 克

蝴蝶这种拥有彩色翅膀的美丽昆虫生命很短暂，一般只有 2 ~ 4 个星期。但是黑脉金斑蝶是个例外，它能生存长达 9 个月。黑脉金斑蝶不知疲倦长途迁徙，它能飞行 4000 多千米，从加拿大或美国飞到墨西哥。

11 美西钝口螈

长度：约 23 厘米
体重：约 200 克

这种新奇的动物像是来自火星的鱼，它能永葆青春，因为它能终生保持幼体的特征，比如终生具有鳃和鳍。它就像一个水生蝾螈！

12 凤尾绿咬鹃

长度：36 ~ 40 厘米
体重：约 210 克

凤尾绿咬鹃在中美洲很受人推崇，是一种引人瞩目的鸟类，鲜艳的绿尾巴像一条蛇。雄性区别于雌性的是头盔状的冠羽。它的羽毛很醒目，身体是绿色的，胸膛是红色的。

13 巨嘴鸟

它有巨大的嘴巴，长度可达 20 厘米，喙是它的体温调节器：鸟喙上有丰富的血管，温度高时可以散热；夜晚温度低，它睡觉时，就把嘴巴藏到翅膀下。

长度：约 63 厘米
体重：约 680 克

14 伊比利亚山蛙

长度：约 9 毫米
体重：小于 1 克

这种迷你蛙生活在古巴，它是世界上最小的三种蛙类之一。它如此袖珍，小到能站在你的手指尖上！尽管这么小，它却以比自己大很多的蚂蚁为食。

长度：60 ~ 100 厘米
体重：45 ~ 127 千克

15 玳瑁

玳瑁是一种海龟，已经濒临灭绝，因为它的龟壳被用来制作装饰品、梳子和镜子。近年来已经出台了相应的保护措施。不要任由它们消失呀！

长度：1 ~ 1.6 米
体重：35 ~ 100 千克

16 美洲狮

虽然这种大型猫科动物体积庞大，然而它竟然不会咆哮。不过它倒是拥有出色的跳跃能力：每一次跳跃可以跳大约 4.8 米高，13 米远。它是一位能得奥运会奖牌的运动员！

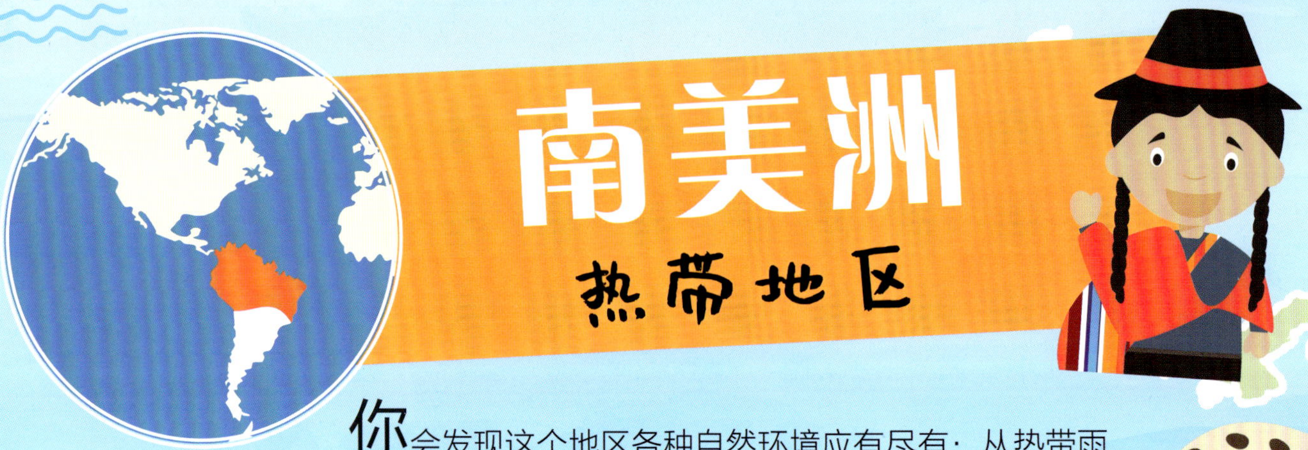

南美洲

热带地区

你会发现这个地区各种自然环境应有尽有：从热带雨林到荒芜沙漠，从连绵山脉到茫茫草原。亚马孙河流域生长着世界上最大的雨林群，那里生活着许多其他地方没有的动物。

1 貘

长度：1.3 ~ 2.5 米
高度：约 1.2 米
体重：110 ~ 300 千克

这种古怪的哺乳动物有着可伸缩的鼻部，它是马的姻亲，与它关系最近的亲戚是犀牛。多么有趣的关系！

2 大羊驼

长度：约 1.6 米
体重：约 113 千克

这是一种群居的动物，它们总是生活在一起。虽然看起来它们颜色都差不多，但实际上有大约 35 种不同色调的羊毛：从纯白到黑色，中间过渡的还有不同深度的棕色和灰色。

3 变色龙

变色龙是一种能改变皮肤颜色的奇特动物。此外，它们的每一只眼睛都可以独立转动和聚焦。

长度：不同种类的变色龙长度从 3 厘米到 80 厘米。

加拉帕戈斯群岛

当西班牙人在 16 世纪到达这个群岛时，人们发现生活在那里的数量最多的生物是巨大的陆龟——加拉帕戈斯象龟，它们很惹人喜爱。

4 森蚺

长度：超过 5 米
体重：可达 250 千克

森蚺是世界上体重最重的蛇类，长度则仅次于蟒蛇。

5 犰狳

长度：15 ~ 100 厘米
体重：85 克 ~ 50 千克

在西班牙语中，犰狳（armadillo）这个名字来源于“盔甲”（armadura）一词，它的身体覆盖着骨质甲，保护它免受敌人伤害。像不像一位中世纪的骑士？

6 食人鲳

长度：15 ~ 25 厘米
体重：约 0.5 千克

这种可怕的鱼是肉食性的，它有一张大嘴，用来捕食猎物。不过它不是只吃肉，有的品种的食人鲳是植食性的！

7 巨人食鸟蛛

它是世界上最大的蜘蛛，和一只小狗差不多大，不过它的毒液对人类并没有多大毒性，这种蜘蛛还被人类当作食物吃！

长度：28 ~ 30 厘米
体重：超过 100 克

8 美洲鳄

美洲鳄的咬合力惊人，一口可以拽掉人的一只手臂。相反，美洲鳄张嘴所用到的下颌降肌并不发达，一个成年人用双手的力量就能让它的嘴巴无法张开。

长度：最大超过 4.5 米
体重：最重超过 900 千克

9 加勒比礁鲨

如果说有一种鲨鱼的外形是典型的鲨鱼，那它就是加勒比礁鲨。如果你肠胃敏感，就不要往下读了。这种鲨鱼为了清洁身体内部，能把胃里所有的食物都吐出来。

长度：1.5 ~ 3 米
体重：最重可达 90 千克

10 水豚

水豚是目前世界上最大的啮齿类动物。这种动物非常吵闹，它会发出许多不同的声音和同伴沟通，在表达有危险时，它甚至会发出类似狗叫的声音。

长度：最长可达 1.3 米
体重：最重可达 65 千克

11 火烈鸟

这种鸟的腿特别长，它因为粉色的羽毛而出名。但是你知道吗？刚出生的火烈鸟宝宝一般是白色或灰色，它们的食物里含有较多的虾青素，时间长了，火烈鸟的羽毛就变成了粉红色！

长度：约 1.4 米
体重：2 ~ 4 千克

长度：约 15 厘米 ~ 1.8 米
体重：最重可达 65 千克

12 食蚁兽

食蚁兽当然是以蚂蚁和白蚁为食的动物。它用强壮的趾甲打开蚁穴，然后用长长的带有黏液的舌头捕捉蚂蚁。好厉害！

南美洲

南部

这个地区的地貌充满反差，从智利的荒漠到冰天雪地的荒原，途中还会路过阿根廷的潘帕斯大草原。

1 美洲豹

长度： 约 2 米
体重： 45 ~ 130 千克

美洲豹一定会让你联想到豹子，但是你知道它们之间的区别吗？美洲豹体形更大、更壮实，身上的斑点也更大。它们是表兄弟！

2 朱顶雀

长度： 约 13.5 厘米　**体重：** 14 ~ 19 克

朱顶雀美妙的歌声和金丝雀很相似。正因如此，朱顶雀被很多人当作宠物。在野生环境中，只要有树的地方都会看到它的身影，它尤其喜爱生长着刺菜蓟的地方。

3 眼镜熊

这种动物被称为“眼镜熊”，因为在它的眼睛周围有一圈比身上毛发颜色浅的斑点。就像戴了面具一样！

长度： 1.5 ~ 1.8 米
体重： 65 ~ 185 千克

4 响尾蛇

它是南美洲南部最危险的物种之一，毒性强烈。同时它也是那里最有乐感的动物之一：当它感觉有危险时，它会把身体盘起来，抬起尾巴发出一种像铃铛的声音！

长度： 1 ~ 2 米
体重： 2 ~ 2.5 千克

史前动物

在布宜诺斯艾利斯（阿根廷首都）南部的布兰卡港的海滩上，人们发现了史前生物留下的痕迹，比如乳齿象，它们很像大象，但是长了长长的毛！

南极洲

南极洲的面积约 1400 万平方千米，其地表被陆缘冰环绕着，所以在冬季，南极洲的海冰面积会神奇地增加。

长度：	约 1 米
高度：	40 ~ 50 厘米
体重：	8 ~ 20 千克

5 美洲豹猫

这种美丽的野生猫咪身上的皮毛能为它提供伪装，它身上的斑点很容易和杂草、灌木融为一体。这样它在窥探自己的猎物时，不会被发现。

长度：	15 ~ 30 厘米
体重：	约 500 克

6 毛丝鼠

这种可爱的啮齿类动物拥有所有陆生哺乳动物中最柔软的皮毛。而且它的毛发很浓密，每个毛囊中生长着 50 ~ 80 根毛发。为了让你有个概念，人类的每个毛囊中只有 2 ~ 3 根毛发！

高度：	90 ~ 150 厘米
体重：	约 25 千克

7 美洲鸵鸟

美洲鸵鸟是世界上体形最大的鸟类之一，不过比起其他鸟类，它缺乏一种本领：它不会飞！是的，不过它很擅长奔跑，奔跑速度能达到 80 千米 / 小时。

高度：	约 1 米
体重：	7 ~ 15 千克

8 秃鹰

秃鹰是现存猛禽类中最大的鸟，体重很重，所以它需要借助外力才能飞行。它是怎么做的呢？它在海边或者山区等风大的地方活动。风的力量帮助它保持飞行！

9 冠企鹅

高度：	约 55 厘米
体重：	略高于 3 千克

不，它并不是一个朋克摇滚歌手，它是一种长着特殊黄色冠毛的企鹅。不仅如此，它的独特之处还有：它不是走路，而是小步跳着前进，因此人们也把它称为“跳岩企鹅”。

长度：90 ～ 120 厘米
体重：20 ～ 50 千克

10 帝企鹅

帝企鹅是世界上最大的企鹅，它生活在南极洲，那里的气温能达到 -60℃。如何抵御寒冷呢？就像你会穿厚衣服一样，帝企鹅有四层羽毛！

11 南露脊鲸

它头部的硬茧使其成为物种中独一无二的存在，而且每头鲸的茧子也是不一样的。这就像是我们的指纹一样！

长度：15 ～ 18 米
体重：47 ～ 80 吨

12 南露脊海豚

它是游泳健将，能在水中做特技动作，也能悄悄地在船只周围活动、在船头旁边游泳。说不定你会有机会在南美洲的水域看到几只南露脊海豚！

长度：2 ～ 3 米
体重：60 ～ 100 千克

欧洲

西北部

这部分区域包括位于斯堪的纳维亚半岛上的国家，波罗的海周围的几国，以及几个岛国。

大西洋

1 矛隼

长度：60 厘米
体重：略大于 1 千克

它是世界上体形最大的隼，生活在布满岩石的悬崖峭壁和北极地区的山脉上。有趣的是，这种隼不只在飞行中捕猎，它在地面上也能捕获猎物。

2 鲑鱼

长度：最长 1 米　体重：最高可达 20 千克

这种有趣的鱼逆流而上游数千千米，只为回到它出生的河流中产卵，就像它的妈妈产下它时一样。鲑鱼有非常好的方向感！

长度：1.6 ～ 2 米
高度：约 1 米
体重：约 150 千克

3 驯鹿

对我们人类来说，在雪中行走很吃力，而驯鹿对此却已经习以为常了。它们是如何做到的呢？它们巨大的蹄子掌面宽阔，密密地生长了很多绒毛，行走在雪地与冰面时，就如同穿着雪地靴一般，稳稳当当。驯鹿还能用蹄刨开雪，采食埋在深雪下的植物。

4 獾

獾是卓越的住宅建筑师，能设计出各种地下洞穴（獾洞），而且里面有多个房间，甚至还有洗手间！

长度：约 71 厘米
体重：约 12 千克

英国

英国气候温和，全年降水充沛，从而形成了绿意盎然、植被种类丰富的地貌特征。去英国别忘了带雨伞，因为那里天气变化无常，经常下雨。

5 欧亚狼

欧亚狼和童话故事中凶狠的大灰狼长得一样，它有着灰色的皮毛。狗就是从欧亚狼驯化而来的，不论是大狗还是小狗！

长度：约 1 米
高度：约 85 厘米
体重：可达 80 千克

长度：40 ~ 80 厘米
体重：可达 15 千克

6 鳟鱼

人们也把它称作“海里的变色龙”，因为它的皮肤颜色会随着季节、光线甚至它的心情改变！一生中，它能变无数次颜色。

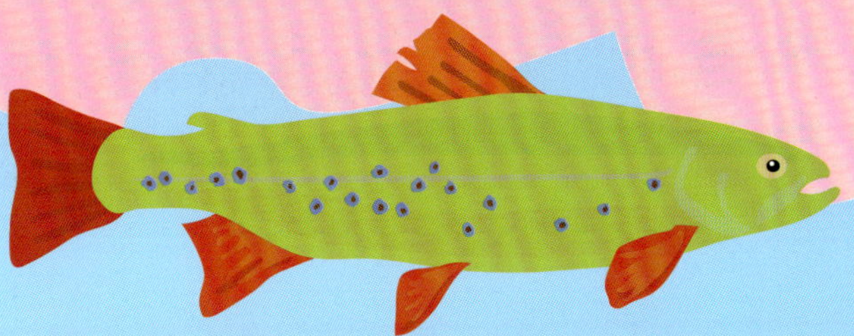

7 驼鹿

驼鹿很容易迷路，它们经常闯到公路或者村庄中。所以如果有人说他在家门口看到一只驼鹿，你不必感到惊讶！

长度：2 ~ 3 米
高度：1.4 ~ 2 米
体重：350 ~ 700 千克

长度：约 1.55 米
体重：500 ~ 600 千克

8 芬兰马

这是唯一一种在芬兰繁育的马的品种。这种动物抗寒能力很强，能运输沉重的货物，甚至是原木和雪橇！

9 鹿

长度：约 1.5 米
体重：230 ～ 450 千克

你能想象同时感知到六种气味是什么体验吗？鹿就能做到。除了鼻子，它的嘴巴上方还有一个特殊的器官，就像它的第二个鼻子。

10 松鼠

松鼠最大的特征就是蓬松的尾巴，尾巴的长度有 15 ～ 20 厘米，尾巴能帮助松鼠在爬树时保持平衡。

高度：20 ～ 30 厘米
体重：约 300 克

11 大天鹅

长度：约 1.5 米
体重：约 10 千克

居住在丹麦的天鹅叫作大天鹅或者白天鹅。它和其他种类天鹅的不同之处在于它起飞时不会发出叫声。

12 猫头鹰

高度：40 ～ 70 厘米
体重：1.5 ～ 3 千克

这种神奇的动物陪伴哈利 · 波特一同经历冒险，它浓密柔软的羽毛使其飞行悄然无声，仿佛是飘浮在空中，而不是在飞行！

13 燕子

长度：15 ～ 20 厘米
体重：约 18 克

燕子就像脑子里有一个指南针，能够记住所有去过的地方，还能找到一年前建造的鸟巢，完全不需要 GPS 导航！

14 白鹳

长度：1 ～ 1.15 米
体重：3 ～ 4 千克

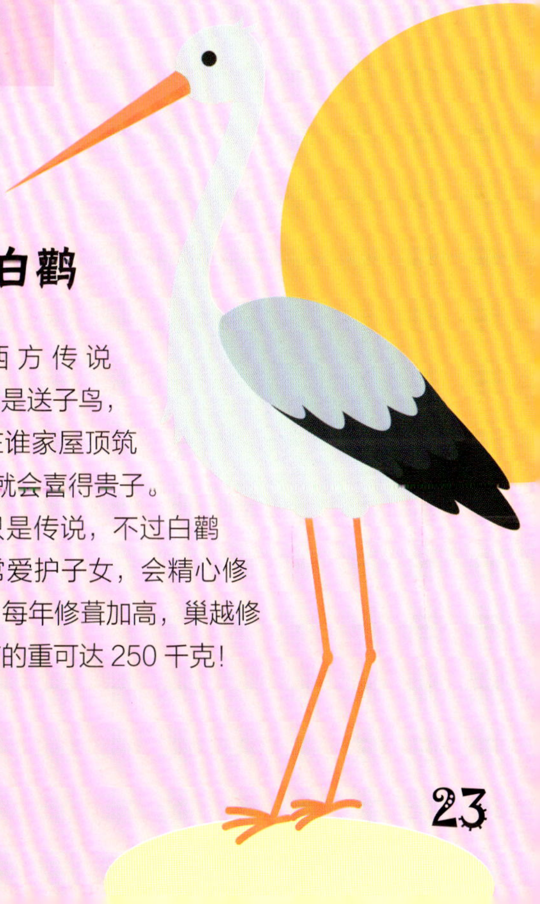

在西方传说中，白鹳是送子鸟，白鹳落在谁家屋顶筑巢，谁家就会喜得贵子。当然这只是传说，不过白鹳的确非常爱护子女，会精心修建鸟巢，每年修葺加高，巢越修越大，有的重可达 250 千克！

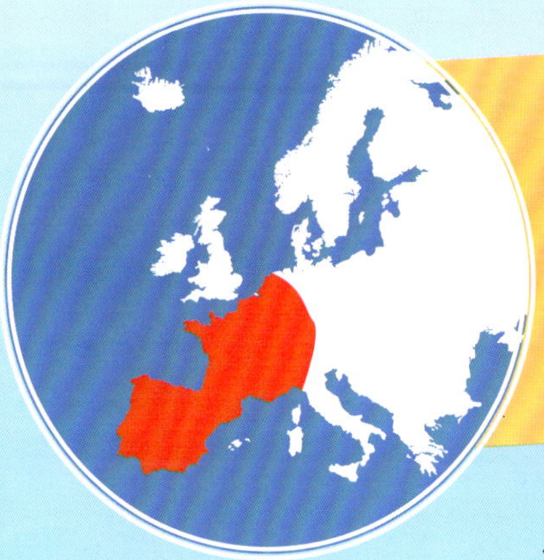

欧洲

大陆西部

该区域包含法国、西班牙、德国等面积较大的国家，也包括安道尔等袖珍国家。德国的南部是阿尔卑斯山脉，这是欧洲最大的山脉。

1 野猪

长度：1.5 ~ 2 米
高度：约 90 厘米
体重：90 ~ 200 千克

野猪和家猪十分相近，但野猪是野生的，而且很淘气：它很喜欢在烂泥中打滚，然后在树干上摩擦，从而去掉身上的寄生虫。

大西洋

长度：50 ~ 65 厘米
体重：约 1.6 千克

2 鸭子

如果动物要化妆，鸭子一定是花时间最久的，你知道为什么吗？因为鸭子的每只眼睛都有三层眼皮，以防止水进入眼睛，毕竟它总是在游泳。

3 西班牙猞猁

长度：约 1 米
高度：约 70 厘米
体重：约 13 千克

这种引人注目的动物利用皮毛上的斑点和耳朵上的簇毛，隐蔽在草丛中躲开敌人的攻击。它是一种濒危动物，现存的数量已经非常少了。

4 牛

牛和山羊、绵羊都是最早一批被驯养的动物。牛的体毛短而稀疏。不同品种的牛，身体的颜色也各不相同。西班牙斗牛选用的一般是生性暴烈的公牛。

长度：约 2.5 米
高度：约 1.5 米
体重：可达 1 吨

5 野兔

你一定会联想到家里养的兔子，但是野兔体形更大，生活在室外，它挖洞并住在里面。此外，它的耳朵也比家兔的长很多。

长度：约 50 厘米
体重：约 4 千克

6 松鸡

这种有趣的鸟生活在比利牛斯山脉和西班牙北部。和羽毛鲜亮（蓝色、棕色、绿色）的雄性松鸡不同，雌性松鸡是棕褐色的。

长度：74 ~ 115 厘米
体重：2 ~ 5 千克

7 阿尔卑斯野山羊

所有登山爱好者都羡慕它登山的能力，它最高能爬 50 米！它甚至还能爬上树。它的四肢和强健的蹄子使它在悬崖间行走如履平地。

长度：约 1.2 米
高度：约 90 厘米
体重：约 40 千克

8 狍子

狍子是鹿科动物（如鹿和驼鹿）中体形较小的。虽然你可能不相信，但是它和狗竟然有相似之处：它们都会吠叫！狍子和狗一样，在觉察到危险的时候会吠叫。

长度：约 1.2 米
高度：约 75 厘米
体重：约 25 千克

9 黄鼬

它很躁动！它会许多运动，总是不停地在寻找、侦查四周、奔跑、攀缘，此外它还是游泳健将。不过，当它觉察到危险的时候，会释放出一股腐朽的臭气！哦，不要！

长度：28 ~ 40 厘米
体重：210 ~ 1200 克

10 雪貂

可能你的朋友会把它当宠物，不过野生的雪貂生活在欧洲的森林里。它是一种可爱又顽皮的动物，可以一觉睡半天！

长度：约 38 厘米
体重：可重达 2 千克

11 金雕

长度：70 ～ 84 厘米
体重：3 ～ 7 千克

金雕的视力是鸟类中出类拔萃的。相对于头部的比例来说，它的眼睛和瞳孔都很大。金雕比人类能看到更多的色彩，在它们的眼里，世界是怎样缤纷多彩的呢？

长度：1.2 ～ 1.5 米
体重：45 ～ 58 千克

12 黇鹿

和人类一样，黇鹿根据季节也要给“衣柜”换季。在夏天它会穿一身发红的油亮皮毛，上面点缀着白色的斑点；到了冬天，这些白色斑点会消失，红色也会变暗呈灰色。

13 欧洲电鳗

这种有趣的动物就像一节有生命的电池，它长长的身体能释放 600 伏的电压。每 25 秒它就会发电，甚至能点亮灯泡！

长度：60 ～ 80 厘米
体重：约 3.6 千克

欧洲

地中海沿岸

这个区域曾诞生过伟大的古希腊、古罗马文明。地中海沿岸的森林里则生活着各种各样的动物。

1 欧亚狼

长度：约 1 米
高度：约 85 厘米
体重：可达 80 千克

欧亚狼遍布欧洲各地，在各个区域你都能看到它的踪影。它对各种气候的耐受力很好，而且嗅觉极其敏锐、视力出色，所以白天和黑夜它都可以捕猎。

2 鹌鹑

这种体形小巧的鸟生活在欧洲的部分区域内，在开阔的草原和田地中都可以看到它的身影，但它不在森林里生活！

长度：约 18 厘米
体重：约 96 克

长度：0.9 ~ 1.3 米　体重：约 1.5 千克

3 蝰蛇

这是一种毒蛇，它只有在感觉受到威胁时才会攻击敌人，所以并不危险！

4 狐狸

长度：45 ~ 90 厘米
高度：35 ~ 50 厘米
体重：3 ~ 14 千克

这种漂亮的动物有着蓬松的尾巴，它像猫和狗一样喜爱玩耍，最喜欢的玩具是球！它的头部较宽，口鼻部尖尖的，耳朵很大。它是独居生物，可以在晚上捕猎。

5 游隼

长度：34 ~ 58 厘米
体重：可达 1.5 千克

它是世界上飞行速度最快的鸟之一，最快速度可达 300 千米 / 小时，这和高铁的速度差不多了！

长度：75 ~ 115 厘米
高度：90 ~ 105 厘米
体重：5 ~ 14 千克

6 大鸨

它是体重最重的飞鸟之一。最有趣的是，雄性大鸨长着长长的胡子，用于吸引雌性：它会一边翘起胡须，直到胡子和地面平行，同时向上竖起身体下面的白色羽毛。

7 胡狼

长度：60 ~ 90 厘米
高度：30 ~ 50 厘米
体重：6 ~ 15 千克

从体形和大小来说，胡狼的样子很像狐狸和丛林狼，不过它的耳朵更长，身体更瘦，少毛发，口鼻部更长。现在你可以把它和别的动物区分开了吧！

8 欧洲鼬

你知道吗？很可能你再也看不到这种可爱的动物了！它濒临灭绝，如果我们不保护好它的栖息地，使其遭受污染，它可能会永远消失！

长度：36 ~ 40 厘米
体重：可达 800 克

长度：约 1.5 米
高度：约 77 厘米
体重：可重达 110 千克

9 山羊

勇敢的山羊可以毫无畏惧地在高高的山峰上跳跃，它们产下的羊奶能做出美味的奶酪，比如希腊生产的菲达奶酪。

长度：1.5 ~ 2 米
高度：约 90 厘米
体重：90 ~ 200 千克

10 野猪

野猪的毛坚硬而浓密，人类用野猪的毛做了许多实用的东西，比如牙刷，直到 20 世纪 30 年代人们发明了合成材料尼龙，这种牙刷才被取代。

11 蠵（xī）龟

这是一种海龟。你知道吗？有一个神话中说，海龟会哭泣。但是这不是真的，实际上是海龟上岸时，眼睛附近的盐腺将身体中过多的海盐排出体外，看上去好像海龟在流泪。

长度：约 1 米
体重：可重达 180 千克

长度：1.5 ~ 3 米
高度：约 1.3 米
体重：100 ~ 800 千克

12 鬣狗

这种聪明的动物能发出引人注意的叫声，听起来和你的笑声差不多！虽然它发出这种声音的原因是为了保护自己不受敌人的攻击。

长度：约 1 米
高度：60 ~ 90 厘米
体重：40 ~ 90 千克

13 棕熊

在冬季，熊进入冬眠期，会陷入深度睡眠，心率会降低，简直太神奇了！

比亚沃维耶扎森林

这片自然保护区位于波兰和白俄罗斯之间，是欧洲为数不多的原始森林之一。这里生活着欧洲野牛。

欧洲

东部

这块区域地处北温带，由于每个国家地理位置不同，呈现温带大陆性气候、温带海洋性气候和地中海气候等不同气候的特征，动物种类也很丰富。

① 欧洲野牛

长度：约 2.8 米
高度：约 1.9 米
体重：400 ～ 900 千克

欧洲野牛和美洲野牛的区别在于脖子上的驼峰：美洲野牛的驼峰更明显。此外，它们两者外形很相似，体形也相仿，是远房亲戚！

② 黑鹳

长度：90 ～ 105 厘米
高度：约 1 米
体重：约 3 千克

与在人类周边筑巢的白鹳不同，黑鹳把巢筑在邻水的茂密森林中，而且它还会强占别的鸟类的巢！黑鹳是一种野生的独居鸟类，不喜欢和人类接触。

黑海

黑海是欧洲东南部和亚洲小亚细亚半岛之间的内海，因水色深暗、多风暴而得名。黑海之所以叫这个名字，跟它的盐分含量和水流方向有关，这片海域的海底聚积了大量的硫化氢，使海水呈现黑色。

长度：约 46 厘米
体重：约 1.3 千克

3 松貂

这种长着又粗又长的尾巴的小动物有 38 颗牙，用于咀嚼果实和它捉到的小型哺乳动物。我们人类只有 32 颗牙！

长度：约 50 厘米
体重：约 4 千克

4 野兔

虽然野兔体形不大，但是它十分敏捷而迅速，能朝不同的方向奔跑，甚至能走“之”字形！

长度：74 ~ 90 厘米
高度：约 30 厘米
体重：16 ~ 25 千克

5 河狸

河狸身上长着浓密的棕色毛发，可以抵御严寒，在水中保暖。它可以在水中憋气 15 分钟！

6 狐狸

狐狸能适应多种不同的气候，所以在世界各地都能见到它！

长度：45 ~ 90 厘米
高度：35 ~ 50 厘米
体重：3 ~ 14 千克

7 鹿

鹿妈妈的妊娠期是8个月，比人类时间短。而它的分娩过程只需要 10 多分钟！鹿妈妈通常一次只会生下一只鹿宝宝。

长度：约 1.5 米
体重：230 ~ 450 千克

8 白鹭

这种鸟有尖尖长长的大嘴和细细长长的爪子，它在水中站着睡觉，总是泡在水里！

长度：0.8 ~ 1.3 米
体重：0.5 ~ 1.5 千克

9 松鼠

高度：20 ~ 30 厘米
体重：约 300 克

你一定以为这种小巧的啮齿类动物牙齿虽然坚固，但只会吃坚果，实际上并非如此！它也吃树叶和树根，而且它嘴很馋，会把树皮中的甜美汁液挖出来喝掉！

10 棕熊

你相信吗？熊可以像人一样坐着。它能坐得很端正，用后腿保持平衡。

长度：1.5 ~ 3 米
高度：约 1.3 米
体重：100 ~ 800 千克

11 驼鹿

可以说，驼鹿是一种很贪吃的哺乳动物，它酷爱进食，一天可以吃掉 30 多千克食物。不过，它吃的是什么呢？一般是草、枝条、叶子、各种各样的植物，它还吃水生植物！

长度：2 ~ 3 米
高度：1.4 ~ 2 米
体重：350 ~ 700 千克

12 秃鹫

这种鸟体形庞大，张开翅膀时翼展可达 3 米。它在高处觅食，会花数小时的时间做准备。它能利用热空气产生的气流，御风而行！

高度：约 1 米
体重：5 ~ 8.5 千克

亚洲

北部

亚洲北部的大部分土地属于俄罗斯，俄罗斯横跨欧洲和亚洲，是世界上面积最大的国家。俄罗斯的气候多样，从冻原到针叶林，再到草原，为我们呈现了多样而美丽的地貌，比如北高加索和西伯利亚地区。

乌拉尔山脉

这是欧洲和亚洲的天然分界线，由一条 2500 千米长的山脉构成。在那里能看到许多不同种类的三叶草。据说四片叶子的三叶草会给人们带来好运，你相信吗？

1 豪猪

长度：约 60 厘米
高度：约 25 厘米
体重：约 15 千克

豪猪和刺猬有些相似，不过豪猪体形略大，刺更细长。如果你遇到一只豪猪，千万别碰它！当它受到攻击时，刺会脱落，并轻松刺进捕食者的皮肤中。

长度：约 1 米
高度：约 85 厘米
体重：可达 80 千克

2 欧亚狼

俄罗斯大草原上的欧亚狼体形比欧洲其他地方的都要大，不过相同点是它们都长着灰色的皮毛，都是食肉动物。你知道吗？欧亚狼一年能吞食掉 1.5 吨肉！

西伯利亚的冰寒地貌

在西伯利亚的部分地区，极寒天气的最高纪录达到 -68℃！那里的地面是冰冻的，只有少数动物可以生存。

3 海豹

高度：约 2 米　**体重：**约 170 千克

海豹长着可爱的胡须，能帮它探测水下的猎物发出的振动，也能帮助它躲避虎鲸、北极熊和鲨鱼等危险敌人的攻击。

4 北极熊

长度：约 3 米
体重：约 450 千克

不需要游泳圈，也不需要停下来休息，北极熊一口气可以游 30 ~ 100 千米，甚至还能带着幼崽一起游。它都不用去上游泳课！

5 驯鹿

长度：1.6 ~ 2 米
高度：约 1 米
体重：约 150 千克

你肯定听说过，有许多动物要换毛，但是你知道吗？驯鹿会换角。它这么做是为了在冬天保存能量。

6 夜莺

无论白天还是黑夜，雄性夜莺都用嘹亮而高亢的美妙歌声吸引雌性夜莺。实际上它的歌声俘获了所有聆听者的心！

长度：约 14 厘米
体重：120 ~ 180 克

7 猫头鹰

大部分鸟类都会迁徙，冬季飞到温暖的地方。猫头鹰是个例外，它一年到头都待在同一个地方，是一种很恋家的鸟！

长度：40 ~ 70 厘米
体重：1.5 ~ 3 千克

8 海象

长度：2.7 ~ 3.6 米
体重：800 ~ 1700 千克

海象的牙又大又长，引人注目，牙的重量可达 5 千克！海象用牙抵御敌人、攀爬、切开冰块。

9 北极狐

到了冬天，北极狐的毛色会变白，和雪的颜色融为一体，可以把自己隐藏起来，躲避北极熊和猛禽的攻击。这是生存的本能！

长度：71 ~ 110 厘米
体重：3 ~ 9 千克

10 驼鹿

长度：2 ~ 3 米
高度：1.4 ~ 2 米
体重：350 ~ 700 千克

驼鹿巨大的鹿角重量可达 20 千克，它们极度敏感，可以感觉到任何触碰，也能感觉到小鸟从旁边飞过。这对鹿角就像雷达一样！

长度：2 ~ 2.5 米
高度：1 ~ 1.2 米
体重：180 ~ 320 千克

11 西伯利亚虎

西伯利亚虎是老虎中体形最大的，它生活在西伯利亚地区的森林里。它的皮毛比其他虎类都浓密，这样能帮助它抵御严寒。

长度：80 ~ 130 厘米
体重：18 ~ 30 千克

12 西伯利亚猞猁

猞猁长得很像家猫，但是体形更大，而且是野生的。它巨大的爪子在雪地里就像防滑鞋，能紧紧抓住地面，还能飞速奔跑！

13 远东豹

远东豹是豹类中最有趣的品种，它的皮毛泛着金色的光芒，它身上的斑点间距比其他豹类的大。

长度：1 ~ 1.4 米
高度：64 ~ 78 厘米
体重：25 ~ 48 千克

亚洲

西部

这个区域里的大部分地区降水稀少，气候干旱，水资源短缺，地形以高原为主，草原广布，有特殊的沙漠地貌，矿产和贵金属蕴藏量丰富。

1 骆驼

长度：约 3 米
高度：约 2.3 米
体重：可达 800 千克

骆驼生活在也门的沙漠中，能承受高达 50℃的气温！如何对抗这种极端炎热的天气呢？骆驼一次能喝 200 升水，它是世界上饮水量最大的动物之一！

2 狐狸

狐狸最大的特征之一就是它长而蓬松的尾巴。你知道它用尾巴做什么吗？用来当枕头，这样它就能睡在柔软的东西上了，多么有趣呀！

长度：45 ~ 90 厘米　高度：35 ~ 50 厘米　体重：3 ~ 14 千克

3 鸵鸟

长度：约 2 米
高度：1.7 ~ 2.8 米
体重：100 ~ 180 千克

如果你看到鸵鸟把头埋在沙土里，不要以为它是害怕躲起来了，它这么做真正的原因是为了筑巢产卵在挖洞。它得挖很大的坑才行，因为每个鸵鸟蛋的长度差不多有 20 厘米，而且它一般会一次产下 12 颗左右的蛋！

长度：约 1.5 米
高度：60 ~ 80 厘米
体重：20 ~ 60 千克

4 赛加羚羊

赛加羚羊也被叫作“高鼻羚羊”，它和美洲羚羊长得很不一样，因为它的鼻子又长又宽。

5 金雕

长度：70 ~ 84 厘米
体重：3 ~ 7 千克

这种鸟威武而优雅，它全身的羽毛，大部分是棕色的，翅膀根部的羽毛颜色更深。从头后到脖子上有一小块漂亮的金色羽毛，因而得名。

6 鹿

长度：约 1.5 米
体重：230 ~ 450 千克

雄鹿之间争夺雌鹿时，会用鹿角做武器。它们之间的战斗通常很暴力，最好不要介入！

7 雪豹

长度：1 ~ 1.3 米
体重：约 32 千克

这种令人印象深刻的哺乳动物大多生活在海拔约 4000 米的高山上。你知道吗？它是一种不会咆哮的豹子。

8 旱獭

不知道有没有人把旱獭比作瞌睡虫，这种灰色皮毛的小动物冬眠时间可达 7 个月，它会陷入深度睡眠。

长度：约 41 厘米
高度：约 18 厘米
体重：3 ~ 8 千克

9 猎豹

长度：1 ~ 1.5 米
高度：66 ~ 94 厘米
体重：35 ~ 65 千克

它的个性内敛、不善社交，现存的种群数量逐年减少。如果把猎豹和狗关在一起生活，狗可以和猎豹建立良好的互动关系，多么有趣！

10 兔子

长度：34 ~ 50 厘米
体重：1 ~ 8 千克

你有没有好奇过，为什么兔子的牙齿这么大？因为它们的牙齿一直都在生长！

11 鹈鹕

鹈鹕的大嘴巴下面连着一个大大的具有弹性的喉囊。喉囊像一张渔网，很容易就能逮到鱼。鹈鹕的大嘴能容纳约 12 升的食物，还可以将水从囊中挤出来，鱼留在囊里，然后吞掉。

长度：1 ~ 2 米
体重：10 ~ 20 千克

12 鲨鱼

长度：15 厘米 ~ 12 米
体重：最重可达 20 吨

鲨鱼生活在世界各地的热带水域中，适宜的温度使鲨鱼能轻松找到食物，比如鱼类或其他海洋动物。它敏锐的嗅觉能探测到数千米之外的血腥味。

13 鳄鱼

鳄鱼长着巨大的嘴巴，里面长满了像小刀一样锋利的牙齿。如果说鳄鱼有什么是让你羡慕的，那就是它不需要去看牙医。鳄鱼的牙齿脱落下来后能够很快重新长出，并拥有终生换牙的能力，鳄鱼一生能长出 3000 多颗牙齿！

长度：1.5 ~ 7 米
体重：36 千克 ~ 2 吨

亚洲

东部和南部

这里存在着世界上两大文明古国：一个是中国，亚洲最大的国家，面积约 960 万平方千米；另一个是印度，在那里牛是神圣的动物。

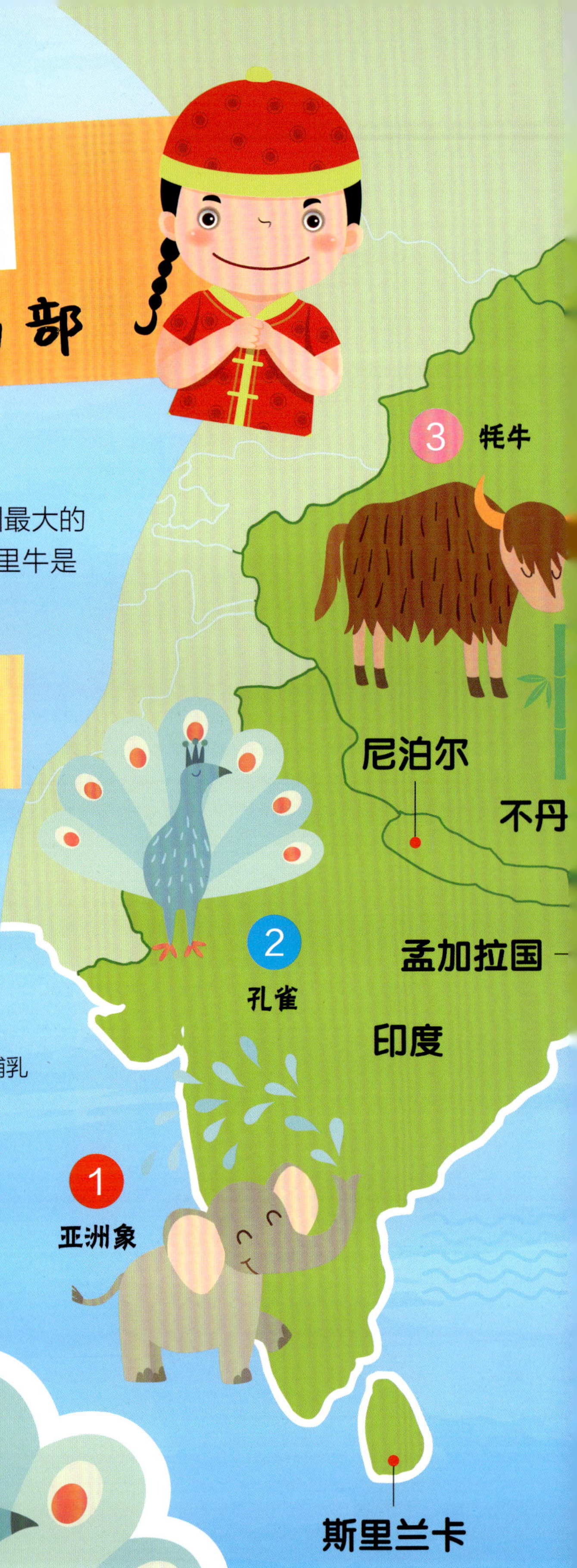

长度：5 ~ 6 米
高度：2 ~ 4 米
体重：2 ~ 7 吨

1 亚洲象

亚洲象比非洲象体形略小，雌性亚洲象没有象牙。此外，亚洲象的耳朵更圆、更小，即使这样，它依然是很庞大的哺乳动物！

长度：1 ~ 2 米
高度：1 ~ 1.15 米
体重：4 ~ 9 千克

2 孔雀

雄性孔雀开屏，仿佛穿上了最华丽的衣裳，用五彩斑斓的颜色吸引雌性的注意。它们通过炫耀自己的羽毛求偶。哪一只会被选中呢？

蒙古
朝鲜
日本
5 远东豹
4 骆驼
6 啄木鸟
韩国
7 蝙蝠
中国
8 熊猫
9 小熊猫
菲律宾
缅甸
老挝
10 网纹蟒
泰国
太平洋
越南
巴布亚省
（印尼）
柬埔寨
文莱
11 双吻前口蝠鲼
马来西亚
加里曼丹岛
新加坡
苏门答腊岛
12 犀牛
13 猩猩
印度尼西亚
14 科莫多巨蜥
爪哇岛

亚洲 东部和南部

3 牦牛

长度：约 2.5 米
高度：约 1.7 米
体重：约 1 吨

这种体形庞大、毛发浓密的哺乳动物能爬上西藏海拔 4000 ~ 5000 米的险峻山峰。真是超级英雄！

4 骆驼

长度：约 3 米
高度：约 2.3 米
体重：可达 800 千克

骆驼很高，它的驼峰让它看上去更高。每一座驼峰的高度可达 75 厘米！

5 远东豹

长度：1 ~ 1.4 米
高度：64 ~ 78 厘米
体重：25 ~ 48 千克

只有不到 100 只远东豹还在中国东北部自由地生活着。因为它的皮毛很美丽，偷猎使它快要灭绝了！

6 啄木鸟

啄木鸟能飞快地用嘴巴在木头上啄孔，一天能啄 12000 下左右！

长度：15 ~ 47 厘米
体重：约 200 克

7 蝙蝠

长度：3 ~ 25 厘米
体重：2 克 ~ 1.2 千克

蝙蝠从不见阳光，因为它白天都在睡觉，而且是头朝下。有的蝙蝠以吸食部分哺乳动物的血液为生，比如马，而且要吸 30 分钟！它还能更古怪一点吗？

8 熊猫

长度：1.2 ~ 1.8 米
高度：60 ~ 90 厘米
体重：80 ~ 150 千克

熊猫就像一只可爱的玩具熊，但实际上它是有脾气的，甚至有攻击性。它最喜欢的食物是竹子，凭借强有力的牙齿和颌骨，它能毫不费力地咬碎任何一根竹子。

9 小熊猫

虽然小熊猫外表像狐狸、个头像猫，但是小熊猫是一个与众不同的物种。它个性很害羞，美丽的长尾巴跟身体差不多长。

长度：40 ~ 60 厘米
体重：3 ~ 6 千克

10 网纹蟒

长度：8 ~ 15 米
体重：约 135 千克

网纹蟒广泛分布于东南亚，是世界上最长的蛇类，它和森蚺齐名，森蚺是世界上最重的蛇类。网纹蟒很危险，它能把猎物囫囵吞下去！

11 双吻前口蝠鲼

这种有趣的鱼长得像一个菱形，它生活在海洋中的温暖水域，是世界上体重最大的鱼类之一。

长度：4.5 ~ 9 米
体重：约 1.6 吨

12 犀牛

长度：2.4 ~ 3 米
高度：1 ~ 2 米
体重：约 700 千克

生活在这里的犀牛是苏门答腊犀牛，它是体形最小的一种犀牛，而且长着发红的毛发。

13 猩猩

长度：0.75 ~ 1.25 米
体重：40 ~ 100 千克

尽管猩猩长着橙色的毛发和长长的胳膊，但它是人类的表亲。它生活在加里曼丹岛和苏门答腊岛，以水果和树叶为食。

14 科莫多巨蜥

长度：约 2.6 米
体重：68 ~ 91 千克

这种巨大的爬行动物长得很像恐龙，也很像故事中的龙。它长着长长的尾巴，约有 60 颗尖尖的牙齿，用来捕捉猎物。

非洲

西部和北部

非洲是世界第二大洲，仅次于亚洲。流经非洲的尼罗河是世界上最长的河流，对古埃及文明的诞生产生了重要影响。

1 猎豹

每一只猎豹皮毛上的斑点都是独一无二的，不过你知道吗？出生的时候它身上是没有斑点的。它长着美丽而光滑的鬃毛，随着年龄增长，斑点也逐渐显现出来。

长度：1 ~ 1.5 米
高度：66 ~ 94 厘米
体重：35 ~ 65 千克

2 鬣狗

鬣狗分布在整个非洲大草原上，它们生活在有树的干旱土地上。你有没有注意过，鬣狗的前脚比后脚大？所以鬣狗走路的样子很特别，独树一帜。

长度：约 1 米
高度：60 ～ 90 厘米
体重：40 ～ 90 千克

非洲 西部和北部

3 狐獴

长度：25 ~ 35 厘米
体重：约 730 克

这种可爱的小动物能两腿站立，它们性格很外向。狐獴总是成群出没，每一只都有明确分工，团队合作得非常好！

长度：约 3 米
高度：约 2.3 米
体重：可达 800 千克

4 骆驼

骆驼的大眼睛很引人注目，不过你知道吗？它有三层眼皮。眼皮上面长着睫毛，骆驼的睫毛可长了！浓密的睫毛能保护骆驼的眼睛不受沙尘的侵袭。

5 蝎子

蝎子是最古老的动物之一，4.3 亿年前它们就生活在地球上了！它们的祖先和现在的蝎子很像，没有太大变化。

长度：可达 21 厘米
体重：可达 50 克

6 瞪羚

长度：80 ~ 100 厘米
高度：55 ~ 65 厘米
体重：20 ~ 30 千克

这种动物长着醒目的角，它是非洲大陆上速度第二快的动物，第一名是猎豹。瞪羚的速度能达到 80 千米 / 小时！

7 黑豹

长度：1 ~ 2 米
高度：60 ~ 70 厘米
体重：40 ~ 90 千克

黑豹很适合被邀请到万圣节派对上做客，因为它被称为“丛林幽灵”。为什么呢？因为它的行踪非常隐秘，它能一动不动地暗中窥视猎物。

8 斑马

不要怀疑，斑马是黑色的，身上有白色条纹，而不是反过来的！在敌人面前，斑马用条纹伪装自己。

长度：约 2.3 米
高度：1.2 ~ 1.4 米
体重：可达 350 千克

9 眼镜蛇

长度：1.5 ~ 2.5 米
体重：可达 12 千克

眼镜蛇是世界上最毒的蛇类之一，它咬一口所释放的毒液能毒死一只成年大象！

10 鳄鱼

长度：1.5 ~ 7 米
体重：36 千克 ~ 2 吨

尼罗鳄是非洲体形最大的捕猎者。它是一种冷血动物，身上的鳞片有一种有趣的功能，当天黑它沉入水中时，鳞片能吸收热量。

11 猴子

我们人类和猴子有 99% 的 DNA 都是相同的，这并不是巧合。你知道吗？猴子和我们一样，能够表达想法，还能微笑。

长度：约 60 厘米
体重：4 ~ 5 千克

12 河马

假如你看到一只河马在打哈欠，你可能以为它困了，其实不是。它的哈欠是在警告同伴有危险。它总是很警惕！

长度：3 ~ 5 米
高度：约 1.5 米
体重：1.5 ~ 3.5 吨

非洲
南部

赤道几内亚

这里的气候多样：有的地方温和湿润，有的地方炎热干燥，有的地方干旱少雨。这片区域有着大片的草原，大象、长颈鹿等许多野生动物在这里自由地生活。

1 狮子

长度：1.5 ~ 3 米
体重：120 ~ 260 千克

你肯定知道狮子是“草原之王”，它生活在非洲的草原上。鬃毛是雄狮最鲜明的特征！

2 非洲象

长度：6 ~ 7 米
高度：2 ~ 4 米
体重：2 ~ 7 吨

大象的大脑是陆地生物中最大的，所以它非常聪明。为保护同伴，象群会一致对外。它们还会玩耍、使用工具，据说还懂音乐！

3 长颈鹿

这种高得不同寻常的哺乳动物一生大部分时间都是站立的，它睡觉的时候也站着！长颈鹿一天只睡一到两个小时，每次休息 5~10 分钟。

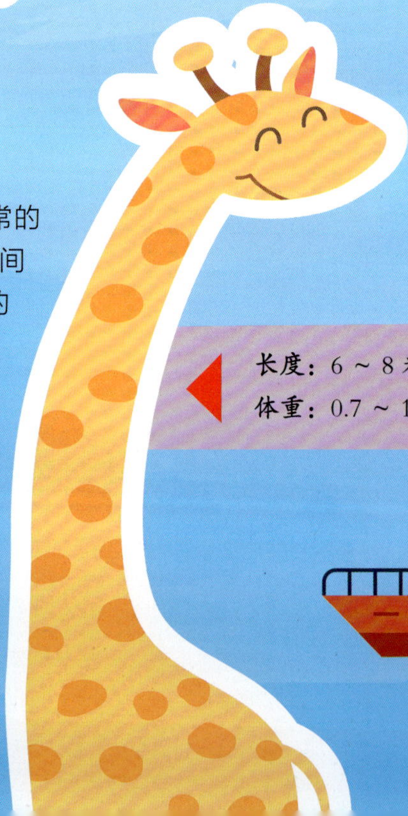

长度：6 ~ 8 米
体重：0.7 ~ 1.6 吨

大西洋

加蓬
刚果
2
非洲象
刚果民主
共和国
乌干达
卢旺达
布隆迪
肯尼亚
坦桑尼亚
3
长颈鹿
1
狮子
安哥拉
4
鹦鹉
赞比亚
5
犀牛
莫桑比克
马拉维
津巴布韦
6
鸵鸟
博茨瓦纳
9
狐猴
8
非洲豹
纳米比亚
斯威士兰
马达加斯加
7
金雕
莱索托
南非
10
海狮
11
黑脚企鹅
印度洋

4 鹦鹉

长度：约 33 厘米　体重：约 500 克

非洲特有的鹦鹉品种是灰鹦鹉，因为它羽毛的颜色是灰色的，但它的尾巴是红色的。它 6 个月大的时候，会开始结结巴巴地说话，到了 18 个月大的时候就能流利地说话了！

5 犀牛

长度：3 ~ 4.2 米
高度：1.2 ~ 1.85 米
体重：1 ~ 4 吨

生活在非洲的犀牛有两种，分别是黑犀牛和白犀牛，它们也是犀牛中体形中最大的两种。你知道吗？犀牛角是由角蛋白构成的，和你的指甲的成分一样！

6 鸵鸟

鸵鸟蛋是体积最大的鸟蛋，长度可达 20 厘米，重 1 ~ 2 千克，大约相当于 24 颗鸡蛋！

长度：约 2 米
高度：约 1.7 ~ 2.8 米
体重：100 ~ 180 千克

7 金雕

金雕是非洲体形最大的猛禽之一，也是世界上最大、最勇猛的鸟类之一！

长度：70 ~ 84 厘米
体重：3 ~ 7 千克

长度：1 ~ 2 米
高度：60 ~ 70 厘米
体重：40 ~ 90 千克

8 非洲豹

这种猫科动物夜间捕猎，白天则在洞穴里、植物间或者树枝上睡觉。不过，睡觉前它会把食物藏起来，这样就不会被狮子或者鬣狗偷走。这是一种很谨慎的哺乳动物！

9 狐猴

这种可爱的动物是灵长类中身形非常小巧的一种。它们只生活在马达加斯加岛上，早上会三五成群地一起晒太阳。

长度：39 ~ 46 厘米
体重：约 2 千克

10 海狮

长度：1.8 ~ 2.7 米
体重：60 ~ 360 千克

海狮长得很像海豹，对不对？尽管如此，它们还是不同的。海豹没有耳朵，只是在头部两侧有两个孔，而海狮有尖尖的小耳朵。此外，海狮的胡须更多，口鼻部更长。它们相似却不相同！

11 黑脚企鹅

这种企鹅只存在于非洲南部，它和其他企鹅的不同在于，它们的胸膛上有黑色条框，头部有黑色和白色条纹。它是现存的企鹅品种中最安静的一种。在黑脚企鹅的部分聚居地，游客可以接近它们，甚至可以与它们合影，而它们不会害怕，也不会变得具有攻击性。它们非常善于社交，甚至会在你拍照时摆好姿势！

长度：50 ~ 70 厘米
体重：2 ~ 5 千克

大洋洲

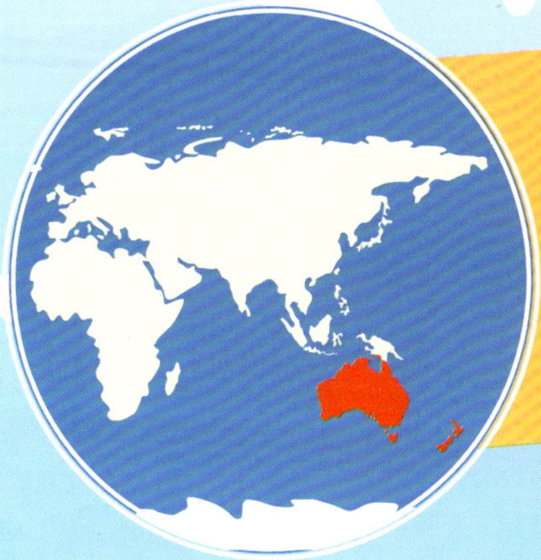

澳大利亚是世界上唯一一个国土覆盖一整块大陆的国家。据计算，这里生活着大约4000万只袋鼠，但是只有2000多万名居民。

1 袋鼠

袋鼠是唯一一种体形巨大还能蹦跳着走路的动物，而且它还蹦得很快！那是因为当它跳得越快，同等距离消耗的能量就越少。

高度：约 1.5 米
体重：约 85 千克

2 鸭嘴兽

长度：约 50 厘米　体重：1 ~ 2 千克

如果别人问你：什么动物像母鸡一样会下蛋，长着鸭子样的嘴巴，身上还长着像熊一样的毛发？答案就是鸭嘴兽，这是一种特别的动物！

所罗门群岛

新喀里多尼亚岛

长度：60 ~ 85 厘米
体重：可达 15 千克

3 考拉

考拉是动物王国里最贪睡的动物之一，它每天能睡 22 个小时！这样它就为醒着的时间节省出了能量。

4 袋獾

这种小巧的有袋类动物，亦被称作塔斯马尼亚恶魔。它是超级英雄，它能爬树爬山，游过大江大河，还能奔跑数千米的距离！

太平洋

长度：57 ~ 65 厘米
体重：6 ~ 8 千克

5 几维鸟

长度：约 40 厘米
体重：可达 3 千克

几维鸟又称无翼鸟，因为它没有翅膀，不能飞翔。它长长的嘴巴很引人注目，长嘴末端的鼻孔使它拥有发达的嗅觉，嘴周围的几根胡须也增强了嗅觉的灵敏度。你见过类似的动物吗？

4 袋獾

5 几维鸟

塔斯曼海

可爱动物在哪里？

要记得，并非所有物种都一样！

你最喜欢的动物在世界上哪个地方生活？
翻到它在本书中的那一页，然后验证你的答案！

狐獴
50

胡狼
30

虎
39

獾
21

浣熊
10

黄鼬
26

灰雁
6

火烈鸟
15

几维鸟
57

金雕
9,27,42,54

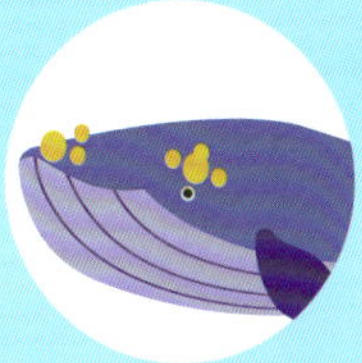
鲸
6,10,19

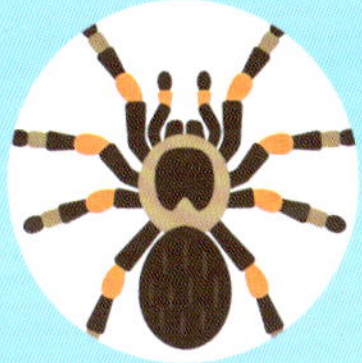
巨人食鸟蛛
14

巨嘴鸟
11

考拉
57

科莫多巨蜥
47

孔雀
44

狼
22,28,37

猎豹
42,48

鬣狗
31,49

羚羊
9,41

鹿
8,23,34,42

骆驼
41,46,50

马
8,22

猫头鹰
23,38

毛丝鼠
18

牦牛
46

美西钝口螈
10

美洲豹
16

美洲豹猫
18

美洲鳄
14

美洲狮
11

美洲鸵鸟
18

貘
12

牛
25

欧洲电鳗
27